QIQU

奇趣科学馆

王振民　岳彬　编

关于天气的N个为什么

重庆出版集团　重庆出版社

图书在版编目（CIP）数据

关于天气的N个为什么 / 王振民，岳彬编．— 重庆：重庆出版社，2018.1
ISBN 978-7-229-12950-7

Ⅰ．①关… Ⅱ．①王… ②岳… Ⅲ．①天气－少儿读物
Ⅳ．①P44-49

中国版本图书馆CIP数据核字（2017）第320944号

关于天气的N个为什么
GUANYU TIANQI DE N GE WEISHENME
王振民　岳彬　编

责任编辑：周北川
责任校对：杨　婧
装帧设计：赵景宜

重庆出版集团
重庆出版社　出版

重庆市南岸区南滨路162号1幢　邮政编码：400061　http://www.cqph.com
三河市金泰源印务有限公司印刷
重庆出版集团图书发行有限公司发行
E-MAIL：fxchu@cqph.com　邮购电话：023-61520646
全国新华书店经销

开本：720mm×1000mm　1/16　印张：8　字数：78千
2018年1月第1版　2018年1月第1次印刷
ISBN 978-7-229-12950-7
定价：25.80元

如有印装质量问题，请向本集团图书发行有限公司调换：023-61520678

前言

FOreword

不经意间，孩子在悄悄地长大。成长的力量让他们精力充沛，思维活跃。面对大千世界，那些我们习以为常，甚至视而不见的现象，成了他们心中啧啧称奇的风景。感官逐渐迟钝的我们，面对一个个突如其来的“为什么”，常常会不知所措。看似简单的问题，却是孩子们对这个世界最初的思考和探索，这种求知欲和好奇心对他们来说弥足珍贵。

为了保护孩子们的这种天性，我们精心编撰了“奇趣科学馆”系列丛书，和孩子一起走进奇妙未知的大千世界，释放属于孩子的无限遐想。本丛书选取了大量新颖而贴近生活的话题，将动物、植物、天气、人体、宇宙等内容全部囊括其中。通过简洁明了的文字、童趣盎然的图片，将一些深奥抽象的科学知识描绘得通俗易懂、充满趣味，融科学性、知识性和趣味性于一体，不仅可以使小读者初步掌握和了解一些基础知识，还可以培养孩子在提问中认识世界，激发探索科学的兴趣。

目录

为什么会有极光？

为什么热带雨林总是下雨？

为什么说空气并不“空”？

空气的发现

在 1771 年的一天，瑞典药剂师舍勒将一块橡皮似的白磷，扔进一个空瓶子。白磷是个脾气暴躁的家伙，它平白无故就会“发火”——在空气中自燃。舍勒发现，白磷燃烧之后，瓶子中失去了约 1/5 的气体，而且小老鼠在燃烧后的瓶子里会很快死亡。这件事引起了法国化学家拉瓦锡的注意。他对此进行了详细的研究，最后得出结论：那失去的 1/5 气体，叫作“氧气”，剩下的是不助燃的其他气体。现在测定，干燥空气中氧气约占 21%，氮气约占 78%，其他气体约占 1%。所以空气并不是“空”的。

生存必须有空气

空气是地球上的动植物生存的必要条件，动物呼吸、植物光合作用都离不开空气。大气层可以使地球上的温度保持相对稳定，如果没有大气层，白天温度会很高，而夜间温度会很低；臭氧层可以吸收来自太阳的紫外线，保护地球上的生物免受伤害。大气层可以阻止来自太空的高能粒子过多地进入地球，阻止陨石撞击地球，因为陨石与大气摩擦时既可以减速又可以燃烧；风、云、雨、雪的形成都离不开大气。声音的传播要利用空气；降落伞、减速伞和飞机也都利用了空气的作用力；一些机器要利用压缩空气进行工作。

越来越多的科学家相信，天气对人的心情有直接的因果关系。中医对节气和时辰的变化也特别敏感。

大气层有什么作用?

保护地球上所有生物

大气层是一层厚厚的空气层，如同外套一样包裹着整个地球。从太空看地球大气层，只能通过飘浮的云彩来辨认。

地球上的大气层厚约300千米，从里向外依次排列着对流层、平流层、中间层、暖层和散逸层，它能保护地球上的所有生物不受寒冷的侵袭及避免太阳直射。而大气层以外就是星际空间，那里没有空气可供呼吸，也没有云彩，气温大约为-120℃，非常寒冷！

大气层锁住氧气和水分

如果大气层消失，地球水分将会一夜之间化为乌有，生命便会枯竭，地球就会跟月球、火星一样，只剩下一块块岩石。因为有了大气层，氧气被锁在了地球；因为有了大气层，流星陨石被阻挡在大气层外或被烧毁在大气层中。所以，世界万物因气而生，因气而形，因气而动。

“大气层”这个词来源于希腊语，包含“云雾”和“球”两层意思。

云是由什么形成的?

云彩由水珠构成

当太阳照射在海上，海水会不断升温并逐渐蒸发，蒸发的海水会变成水蒸气升上天空。由于空中气温很低，所以水蒸气升得越高，它的温度就会越低，当低到一定程度时，水蒸气就会再度凝结成水滴。许多水滴聚集在一起，就会形成云朵。每朵云彩都是由数不清的小水滴构成的。

空中的温度越低，形成的水滴就会越大。当水滴大到无法继续上升时，就会变成雨滴落到地面上。

云形成的原因

云形成的原因主要是以下几个：第一是热力作用。在晴朗的夏日，日照强烈，靠近地面的气层急剧地增热，热而轻的空气就发生上升运动。第二是冷暖空气交锋时，暖空气在冷空气上面上升也会产生浓厚的云层。第三是地形作用。平流的湿空气遇到山脉、丘陵的阻挡，就会被迫上升而形成云。

在厨房里，同样也可以看到“云”噢！烧开水时，锅里的水蒸气就会上升变成一朵“云”；而在天花板上，我们则可以看到，这些水蒸气又再次凝结成了小水滴。

晚霞是怎么产生的？

“朝霞不出门，晚霞行千里”

俗话说“朝霞不出门，晚霞行千里”。这就是说，早晨出现鲜红的朝霞，说明大气中水滴已经很多，预示天气将要转雨。如果出现火红色或金黄色的晚霞，表明西方已经没有云层，阳光才能透射过来形成晚霞，因此预示天气将要转晴。晚霞，就是傍晚时出现在天边的五彩缤纷的彩霞，绚烂夺目，十分漂亮。

晚霞是怎么形成的

那么，这么漂亮的晚霞，是怎么形成的呢？

傍晚时分，太阳位于天空较低的位置，距离我们很远。这时太阳光线在穿过大气层时必须经过一段很长的距离才能到达我们肉眼能看到的范围。太阳光的不同颜色在穿越大气层的过程中会以不同的角度折射，其中蓝色折射程度最高，甚至会完全打散消失在大气层内，因此傍晚时没有任何蓝光穿过大气层。与蓝色不同，红色折射程度最低，所以在所有经过“长途跋涉”穿过大气层的颜色中，红色是保留最多的颜色。因此，我们傍晚看到的太阳是红色的。当红色的太阳光照射在云层上时，我们就把看到的红云称为“晚霞”。

为什么雷雨云是黑色的？

云彩是水滴构成的

所有的云彩都是由数不清的水滴构成的。云的形成过程是空气中的水汽经由各种原因达到饱和或过饱和状态而发生凝结的过程。

大部分云彩中的水滴都很小，这些小水滴之间有足够的缝隙让阳光穿过。由于我们可以看到光，所以我们看到的云彩是白色的。

雷雨云不透光

人们通常把发生闪电的云称为雷雨云，雷雨云是积云发展而来的，其中一个过程就是积云变厚、变浓，因此雷雨云很厚。

组成雷雨云的水滴较大，阳光无法穿透水滴与水滴之间的缝隙，因此雷雨云是不透光的，这就是我们从地面向上看到的雷雨云是黑色的原因。

雷电是怎么来的?

雷电＝雷＋闪电

雷电，指的是雷和闪电：雷是云层放电时发出的响声；闪电是雷雨云体内各部分之间或云体与地面之间，因带电性质不同形成很强的电场的放电现象。雷电是伴有闪电和雷鸣的一种雄伟壮观而又有点令人生畏的放电现象。雷电一般产生于对流发展旺盛的积雨云中，因此常伴有强烈的阵风和暴雨，有时还伴有冰雹和龙卷风。

雷电离不开雷雨云

雷电大多发生在炎热的夏日，雷电的形成离不开雷雨云。雷雨云是由许许多多的水滴凝结而成的，当这些水滴源源不断地与来自地面的热气相遇时，水滴便会膨胀，并且彼此摩擦相撞。当水滴之间的摩擦达到一定程度，云里就会产生电并发出亮光，也就是通常我们看到的闪电了！

闪电的出现导致了雷的产生。当高温的闪电划过天空，空气也会被加热。这些热空气迅速膨胀，并发出“轰隆隆”的声音，也就是我们通常听到的雷声！

我们挤戳气球时也会看到类似的现象。气球里面的空气迅速膨胀后，最终就会像打雷一样，“砰”的一声爆炸。

闪电喜欢什么？

什么是闪电？

闪电是云与云之间、云与地之间或者云体内各部位之间的强烈放电现象（一般发生在积雨云中）。闪电可将空气中的一部分氮变成氮化合物，借雨水冲下地面。一年当中，地球上每一公顷土地都可获得几公斤这种从天而降的免费肥料。

闪电偏爱较高的物体

世界上每天都会有 100 万～ 300 万次闪电划过天空，也就是说整个地球每秒会有 100 次以上的闪电发生。大多数闪电只是发生在云块之间，大约只有 10% 会传到地面。一般情况下，独立的树木比树林更容易受到闪电的袭击。因为闪电偏爱较高的物体，所以打雷下雨的时候最好尽快从游泳池里爬出来，因为脑袋比水面高！不过只有闪电传到地面上的时候，它才会对高的东西有“兴趣”，所以高层建筑上的避雷针都要连接到地面。

闪电袭击最多的地方

乌干达首都坎帕拉和印尼的爪哇岛，是最易受到闪电袭击的地方。据统计，爪哇岛有一年竟有 300 天发生闪电。而历史上最猛烈的闪电，则是 1975 年袭击津巴布韦乡村乌姆塔里附近一幢小屋的那一次，当时死了 21 个人。

在德国有一句谚语，那就是“闪电更喜欢橡树”。实际上这句古老的谚语并不正确，只不过橡树长得比较高罢了，闪电比较喜欢哪种树不是确定的。

为什么雨后的空气特别清新？

为什么会下雨？

下雨是一种自然现象。地球上的水受到太阳光的照射后，就变成水蒸气蒸发到空气中去了。水汽在高空遇到冷空气便凝聚成小水滴。这些小水滴又小又轻，被空气中的上升气流托在空中。就是这些小水滴在空中聚成了云。这些小水滴要变成雨滴降到地面，它的体积大约要增大100多万倍。

雨水净化空气

为什么雨后的空气会变得特别清新呢？

首先，雨水的形成需要依附于飘浮在空气中的灰尘，这样降雨就会携带着灰尘落到地面，减少空气中灰尘的数量。其次，降雨过程中时常伴有雷电发生，雷电大规模放电，会使空气中的部分氧气转化成臭氧。臭氧是一种杀菌剂，微量的臭氧可以刺激人的脑神经，使人精神为之一振。

臭氧的英文是 ozone，其原意为“新鲜空气”或“使人兴奋的力量”。因为臭氧在低浓度下，具有一种特殊的新鲜气味，吸入微量臭氧会使人神清气爽。不过浓度稍高时，臭氧会有特殊的臭味。

彩虹为什么看上去是圆弧形的？

色彩艳丽的彩虹

我们肉眼看到的太阳光是白色的，而事实上，太阳光是由赤、橙、黄、绿、青、蓝、紫七种颜色构成的。

每当五彩缤纷的彩虹当空挂时，人们都会情不自禁地争相观赏这大自然的美景。

彩虹的颜色

下雨的时候如果恰巧有阳光照射，阳光在水滴的折射下会形成一条七彩的色带，也就是我们通常所说的彩虹，而这道彩虹也呈现出赤、橙、黄、绿、青、蓝、紫七种颜色。那么，这七种颜色是怎么形成的呢？

雨天的空气中存在着大量水滴，当阳光照射到这些水滴上便会发生色散形成不同的颜色，之后每种颜色再以不同的角度在水滴内进行折射：红色光的折射角度最小，橙色和绿色光的折射角度稍大，蓝、紫两种颜色的折射角度最大。每种颜色各有特定的弯曲角度，阳光中的红色光，折射的角度是42°，蓝色光的折射角度只有40°，所以每种颜色在天空中出现的位置都不同。因此，彩虹的颜色总是以同一个顺序进行排列的：从最上面的红色到橙色、黄色、绿色、青色、蓝色，再到最下面的紫色。

你们知道水晶吗？将水晶悬挂在窗户上，当阳光照射在上面时，你的房间里就会出现彩虹！为什么会出现这种现象呢？这是因为，水晶的折射原理和水滴是一样的。

彩虹的尽头在哪里？

拱形的七彩色谱

彩虹，又称天虹，简称为“虹”，也是一种自然现象。当太阳光照射到空气中的水滴，光线被折射及反射，在天空上形成拱形的七彩光谱，雨后常见；色彩艳丽，似桥状，民间常有“彩虹桥”的说法。

彩虹是一个完整的圆

童话里常说“彩虹和地球相接的地方埋藏着黄金宝藏”。可惜的是，现实中，那里并没有什么宝藏。彩虹也并不像我们看到的那样是半圆形的，而是一个完整的圆，也就是说，彩虹没有起点，也没有终点！

我们可以在头脑中想象让头顶上的太阳与地球垂直连线，而连线的中点就是彩虹的圆心。我们平时看到的彩虹只是彩虹的一部分，而剩余的部分在地平线下，所以我们看不到。

这也能够解释为什么有些彩虹很短，而有些彩虹却是一个完整的半圆。当彩虹呈现完整的半圆时，太阳恰好在地平线上；当太阳高高悬于天空上时，彩虹的圆心位于地平线下，这时我们只能看到很短的一段彩虹！

雪为什么是白色的?

瑞雪兆丰年

“瑞雪兆丰年”是中国广为流传的农谚。在北方，一层厚厚而疏松的积雪，像给小麦盖了一床御寒的棉被；雪中所含的氮素，易被农作物吸收利用；雪水温度低，能冻死地表层越冬的害虫，也给农业生产带来好处。所以又有一句农谚：“冬天麦盖三层被，来年枕着馒头睡。”

雪是水在空中凝结再落下的自然现象，也指落下的雪花。雪是水的一种固态形式，只会在很冷的温度及温带气旋的影响下才会出现，因此亚热带地区和热带地区下雪的机会较微。

雪为什么是白的?

雪是由无数冰晶构成的，单个的冰晶像冰一样是透明的，但雪为什么是白色的呢？虽然单个冰晶体因为表面反光而显得透明，但当无数个冰晶体聚集在一起时，它们之间会存在大量的空气，这些空气都会反射阳光，于是雪就会呈现白色。不过，随着时间的推移，冰晶体会逐渐变圆，其反光能力也会随之减弱。这也就是雪天过后的积雪没有刚下时那么白的原因。

冰凌在变长的过程中，水会沿着柱体移动，由于结冰的速度非常慢，空气不会被包裹在冰中，因此冰凌一般也是透明的！

另外，因为白色的雪会大量反射紫外线，所以长时间在雪天户外活动容易引发眼部不适，严重时会患雪盲症。一定要记得不要长时间看雪噢！

为什么雪花会有各种各样的形状？

冰晶的运动

雪是天空中的水汽经凝华而成的固态降水，由于大气温度较低，微小的水滴颗粒附着在微尘颗粒上直接形成冰晶；而冰晶在云层中运动时会吸附越来越多的水汽，体积随着时间的推移逐渐增大，然后就会形成形状各异的雪花。

雪花的形状各种各样，较常见的有鳞片形、棍形、菱形或者星形。这些形状的形成与温度有关：最漂亮的星形是在 -12 ～ 16℃形成的，温度更低时会形成菱形，更高时会形成片状雪花。雪花的大小也和温度有关，温度较高时雪花会比较大，当然地面上的温度也必须低于 0℃，否则雪花在落向地面的过程中就会融化，变成雨滴。

雪花的并合

在雪花下降时，各个雪花也很容易互相附着并合在一起，成为更大的雪片。雪花的并合大多在以下三种情况下出现：(1) 当温度低于 0℃的时候，雪花在缓慢下降的途中相撞。碰撞产生了压力和热，使相撞部分有些融化而彼此黏附在一起，随后这些融化的水又立即冻结起来。这样，两片雪花就并合到一起了。(2) 在温度略高于 0℃的时候，雪花上本来已覆有一层水膜，这时如果两片雪花相碰，便借着水的表面张力而黏合在一起。(3) 如果雪花的枝杈很复杂，则两片雪花也可以只因简单的粘连而相挂在一起。

雪、冰雹都是固态降水，不过与雪不同的是，冰雹是由雨滴冰冻形成的。

冰雹是怎么形成的？能有多大？

冰雹产生于雨滴

和雨、雪一样，冰雹也是一种天气现象。冰雹产生于非常普通的雨滴，由于云层中有非常强烈的上升气流，雨滴常被抛到上方的云层之中。在这里，如果存在灰尘、花粉或者其他类似的颗粒，水就会在这些颗粒上凝结成冰晶。云层中低温的水滴会附着在这些凝结的冰晶上，这些形成冰晶的颗粒会越来越重，最后会在云层中开始降落。在这个过程中湿润的空气会附着在冰晶颗粒上，由于上升气流的作用，这些颗粒会再次被抛到空中，湿润的空气和越来越多的水会附着到颗粒上，这个过程会重复很多次，直到空气无法托住冰雹的重量，冰雹就会落到地面上。

冰雹的大小

大多数冰雹颗粒大小在 1 ～ 5 厘米之间，但是也有直径超过 10 厘米的，比一个棒球还要大，重量可能要超过 1 千克，这么重的冰雹落向地面时的速度可能要超过每小时 150 千米！

根据一次降雹过程中，多数冰雹的直径、降雹累计时间和积雹厚度，可以将冰雹分为轻雹、中雹和重雹三级。

(1) 轻雹：多数冰雹直径不超过 0.5 厘米，累计降雹时间不超过 10 分钟，地面积雹厚度不超过 2 厘米。

(2) 中雹：多数冰雹直径 0.5 ～ 2 厘米，累计降雹时间 10 ～ 30 分钟，地面积雹厚度 2 ～ 5 厘米。

(3) 重雹：多数冰雹直径 2 厘米以上，累计降雹时间 30 分钟以上，地面积雹厚度 5 厘米以上。

冰雹为什么出现在暖季?

冰雹和雷雨是一家

冰雹和雷雨同出一家，它们都来自积雨云，只不过产生冰雹的积雨云升降气流特别强烈，这种积雨云又称为冰雹云。积雨云是空气中不稳定气流的产物。这种现象在阳光强烈的暖湿季节最容易发生，那时空气中含的水汽很多，而且低层大气又易被地面烤热，从而形成下热上冷的很不稳定的空气柱。冷热空气发生强烈对流，并发展为产生冰雹的积雨云。积雨云中的上升气流很强，足以支持云中增大的冰雹块，使云中的冰雹随着气流的升降，不断与沿途的雪花、小水滴等合并，形成具有透明与不透明交替层次的冰块；当冰块增大到一定程度，上升的气流无法支持时，就降落到地面上来。

由于冰雹云云顶可伸展到距地面 10 千米以上，所以即使在夏季，空中也有足够厚的低于冰点的低温区可以孕育冰雹块。

冰雹灾害

冰雹灾害是由强对流天气系统引起的一种剧烈的气象灾害，它出现的范围虽然较小，时间也比较短促，但来势猛、强度大，并常常伴随着狂风、暴雨等其他天气过程。中国是冰雹灾害频繁发生的国家，冰雹每年都给农业、建筑、通讯、电力、交通以及人民生命财产带来巨大损失。许多人在雷暴天气中曾遭遇过冰雹，通常这些冰雹最大不会超过垒球大小，它们从暴风雨云层中落下。然而，有的时候冰雹的体积却很大，曾经有重约 36 公斤的冰雹从天空中降落，当它们落在地面上会分裂成许多小块。

STOP

谁在玻璃窗上印上了霜花？

闪闪发光的霜花

在寒冷季节的清晨，草叶上、土块上常常会覆盖着一层霜的结晶。它们在初升起的阳光照耀下闪闪发光，待太阳升高后就融化了。不只如此，冬天早上，我们还会在窗户上看到它的身影。它们就在窗户上形成一层膜，小朋友们都玩过这个游戏吧，就是用手指在那层霜膜上涂鸦写字。

水蒸气凝结成霜

那么，是谁在窗户上印上了这么可爱的霜花呢？

原来是这样的，冬天的夜里，玻璃窗的温度非常低，以至于室内的水蒸气会在玻璃窗上凝结成霜。玻璃上的灰尘颗粒能够保证霜不凝结成块，而是有分散的角的形状，这就形成了美丽的霜花。

在我们现在住的房子里已经很难见到霜花了，因为霜花形成的条件是窗户玻璃上的温度必须在零摄氏度以下。而现在的房屋大部分用的是隔热玻璃，加上暖气的作用，玻璃的温度已经很难达到零摄氏度以下，即使在夜里也是一样。

但是在山间小屋或汽车的玻璃上我们仍然能够不时地看到美丽的霜花。

风是怎么形成的?

让人又爱又恨的风

“解落三秋叶，能开二月花。过江千尺浪，入竹万竿斜。”这首诗，虽然一个字没有提到风，说的却是风。夏天最喜欢凉风，冬天的北风却刮得人难受，所以说风也是让人又爱又恨的，尤其是那台风，每次出现都会造成巨大的损失，让人十分头痛。我们都知道，风，就是流动的空气，但是风是怎么来的呢？

气流的循环

热空气要比冷空气轻，因此它会上升。关于这一点我们经常能够看到。例如，利用热空气上升的原理，我们制造出了能够升空的热气球，还有圣诞金字塔。热气球自不必说，在圣诞金字塔中，最下面一层的空气被点燃的蜡烛加热，热空气上升便推动了上面几层的旋转。

风的作用原理与圣诞金字塔类似。那些被太阳光照射到的地方，周围的空气会被加热。被加热的空气上升，使得这些空气原来所在的地方出现了短暂的“真空”。这时，周围的冷空气就会流动到这一区域，填补“真空”。有时填补“真空”的冷空气是从距离较远的地方流动过来的。填补过来的冷空气会被阳光再度加热上升，这时又会有新的冷空气流动过来，就这样不断循环往复，整个空气流动的过程我们都能感觉到，因为这便是我们所说的风！而当空气不流动时，就不会产生风。

龙卷风是怎么旋转起来的？

热带气旋

飓风、台风、龙卷风有一个共同的特点——都是旋转移动的。飓风、台风和热带风暴统称为“热带气旋”，通常发生在温暖的海域，而龙卷风则发生在陆地上，规模比热带气旋要小得多，持续时间也更短，但局部破坏力很大。

龙卷风是怎么旋转起来的呢？龙卷风的产生是由于温暖湿润的空气从地面向上运动导致的。空气向上运动时，在地面上会形成一个低压区，这时附近的温暖空气就会流向这个低压区进行补充，从而形成烟囱效应。上方湿润的空气逐步聚集，形成厚重的雷雨云。由于地球的自转效应，气流在上升时会与气流柱发生摩擦，进而导致气流发生偏转。结果气流不再垂直向上移动，而是变成旋涡状，当发展的旋涡达到地面高度时，地面气压急剧下降，地面风速急剧上升，形成龙卷风。

破坏力巨大的龙卷风

龙卷风是大气中最强烈的涡旋现象，常发生于夏季的雷雨天气时，尤以下午至傍晚最为多见，影响范围虽小，但破坏力极大。龙卷风经过之处，常会发生拔起大树、掀翻车辆、摧毁建筑物等现象，它往往使成片庄稼、果木瞬间被毁，交通中断，房屋倒塌，人畜生命和经济遭受损失。龙卷风的水平范围很小，直径从几米到几百米，平均为 250 米左右，最大为 1 千米左右。在空中直径可有几千米，最大有 10 千米。

沙尘暴是怎么产生的?

空气旋转运动

我们平常所说的沙尘暴，是沙暴和尘暴的总称。太阳长时间照射某个地方，其空气温度就会升高，然后空气向上运动，在风吹过的时候就会导致空气旋转运动，尘土或者树叶就被卷到空气中，形成尘暴。有些尘暴会保持在原地不动，有些会向前移动，速度甚至可以达到每小时 100 千米。而沙暴一般出现在沙漠或者半沙漠地区，大风会把大量的沙粒卷到空中。因为扬沙和尘土往往是混在一起的，所以我们平常统称为“沙尘暴”。

沙尘暴的危害

沙尘暴天气是中国西北地区和华北北部地区出现的强灾害性天气，可造成房屋倒塌、交通供电受阻或中断、火灾、人畜伤亡等，污染自然环境，破坏作物生长，给国民经济建设和人民生命财产安全造成严重的损失和极大的危害。

沙漠中一直都很热吗？

荒芜的沙漠

沙漠，主要是指地面完全被沙所覆盖、植物非常稀少、雨水稀少、空气干燥的荒芜地区。地球陆地的三分之一是沙漠。因为水很少，一般人以为沙漠荒凉无生命，有“荒沙”之称。和别的区域相比，沙漠中生命并不多，但是仔细看看，就会发现沙漠中藏着很多动物，尤其是晚上才出来的动物。

一到晚上就降温

提起沙漠，我们的印象似乎就是遍地的黄沙，行走的骆驼，以及炎炎的烈日。但是沙漠一直都那么热吗？

沙漠及荒石地中的白天气温会非常高，就如同烧焦般炎热，沙漠一天当中的最高气温能达到60℃！这时，太阳会将沙子和石头烤得灼烫，然而沙石并不能储存热量，太阳落山之后，沙子和石头上的热气会立刻散发到空气中，夜晚沙漠气温就会急剧下降 30 ～ 40℃。

这是为什么呢？究其原因是沙漠中没有云彩。云彩的作用并不仅仅只是带来降水，它还如同盖子一般覆盖在它所在的区域上空，吸收并储存地表的热量；而如果没有云彩，地表的热量就会毫无阻碍地散发到空气中。正因为如此，一到夜晚沙漠的地表会迅速降温，以至夜晚的沙漠如同极地一般寒冷——最冷气温能达到零下 20℃。

世界上还存在着另一种沙漠——寒漠。寒漠中白天的气温也非常低。

沙漠气候有什么特点?

沙漠地区空气干燥，终年少雨或几乎无雨，日气温变化剧烈，日较差可达 50℃以上。

除有灌溉条件的少量绿洲外，大多沙漠地区只能生存少量耐干旱植物，其他植物几乎绝迹，甚至成为流沙或荒漠。沙漠气候大体可分为热带沙漠气候、中纬度沙漠气候和撒哈拉沙漠气候。

热带沙漠气候

主要分布在南、北纬 20° 左右的大陆西侧，夏季炎热，冬季不冷。由于这种地区长期处于副热带高压带的控制之下，盛行下沉气流，大气层结稳定，在其西侧沿海地区又常受冷洋流的影响，更增加了大气的稳定度，抑制了对流的发展，故降水稀少。

中纬度沙漠气候

主要分布于大陆的中心腹地。这种地区远离海洋，湿润气流难以到达，形成了极端大陆性气候：夏季炎热，冬季寒冷，气温日较差和年较差都几乎是全球的极大值，降水极少甚至终年无雨。

撒哈拉沙漠气候

撒哈拉沙漠是世界上最大的沙漠，位于非洲北部，面积九百余万平方公里。撒哈拉沙漠气候由信风带的南北转换所控制，常出现许多极端天气。它有世界上最高的蒸发率，并且有一连好几年没降雨的最大面积纪录。气温在海拔高的地方可达到霜冻和冰冻地步，而在海拔低处可有世界上最热的天气。

为什么海水和海边沙滩的温度不一样？

沙滩是这样形成的

沙滩就是由沙子淤积形成的沿水边的陆地或水中高出水面的平地。说到沙滩，我们第一反应就是细细的沙子从脚丫子之间滑过，赤脚踩在上面，软软的，让人心生欢喜。

黄色沙滩上的沙子大部分是被河流带入大海的。高山上的水流携带了大量的碎石，在河流奔腾流入大海的漫长“旅途”中，这些碎石逐渐变小，当河流最终汇入大海时，它们会变成微小的沙粒堆积在海边，经过千百年的堆积，最终形成了沙滩。

如果河流源头所在的山距离大海很远，那么这些河流中的石块最终形成的沙粒也会非常细，因为水流在长久的奔腾过程中将石块逐渐冲磨成细小的颗粒。但如果高山和大海之间的距离很近，河流就没有足够的时间冲刷石块，最终便可能无法形成细细的沙滩，而成为砾石堆积成的海滩。

海水和沙滩的温度不同

或许不少人会有疑惑：同处一片区域，在同样的阳光照射下，为什么海水和海边沙滩的温度不同呢？其实，这里涉及一个“比热容”的概念。比热容是热力学中常用的一个物理量，表示物体吸热或散热的能力。比热容越大，物体的吸热或散热能力越强。沙滩比海水的比热容要小，所以即便在吸收相同热量的情况下，它的温度也要比海水高得多。

海上的波浪是怎样形成的？

广阔的海洋

地球表面被各大陆地分隔为彼此相通的广大水域称为海洋，其总面积约为3.6亿平方公里，约占地球表面积的71%，海洋中含有超过13.5亿立方千米的水，约占地球总水量的97%，而可用于人类饮用的只占2%。地球四个主要的大洋为太平洋、大西洋、印度洋、北冰洋，大部分以陆地和海底地形线为界。截至目前，人类已探索的海底只有5%，还有95%大海的海底是未知的。

海浪是怎样形成的

水受海风的作用和气压变化等影响，促使它离开原来的平衡位置，而发生向上、向下、向前和向后方向运动。这就形成了海上的波浪。波浪是一种有规律的周期性的起伏运动。

当波浪涌上岸边时，由于海水深度愈来愈浅，下层水的上下运动受到了阻碍，受物体惯性的作用，海水的波浪一浪叠一浪，越涌越多，一浪高过一浪。与此同时，随着水深的变浅，下层水的运动，所受阻力越来越大，以至于到最后，它的运动速度慢于上层的运动速度，受惯性作用，波浪最高处向前倾倒，摔到海滩上，成为飞溅的浪花。

为什么大海会有退潮的现象?

潮涨潮落

去过海边的人都知道，那里经常会出现退潮的现象。也就是说，退潮时海水远远地退到海岸线内，在海滩上留下可以堆沙堡的大量空地。然而不久之后，海水又涨了上来，离海岸越来越近，最终冲垮了堆好的沙堡。几个小时之后，海水再度退去，于是又可以堆新的沙堡了。

月亮的吸引力引发潮汐

我国古书上说："大海之水，朝生为潮，夕生为汐。"那么，潮汐是怎样产生的？

这种现象是由月亮的吸引力造成的。当月亮位于海面上方时，海水便会在月亮引力的作用下升高并远离海滩；当月亮继续转动远离海面时，海水便会重新流回沙滩。

原来，海水随着地球自转也在旋转，而旋转的物体都受到离心力的作用，使它们有离开旋转中心的倾向，这就好像旋转张开的雨伞，雨伞上水珠将要被甩出去一样。同时海水还受到月球、太阳和其他天体的吸引力，因为月球离地球最近，所以月球的吸引力较大。这样海水在这两个力的共同作用下形成了引潮力。由于地球、月球在不断运动，地球、月球与太阳的相对位置在发生周期性变化，因此引潮力也在周期性变化，这就使潮汐现象周期性地发生。

在海洋上方下雨，雨水是咸的还是淡的？

空气中的水蒸气在高空受冷凝结成小水点或小冰晶，小水点或小冰晶相互碰撞、融合，变得越来越大，大到空气托不住的时候便会降落下来，当低空温度高于0℃时，就会形成降雨。

但是，不管是陆地上的水，还是海水，在转化为水蒸气的过程中，水中含有的化合物都被过滤掉了，也就是说，此时的水是绝对的“纯水”，与蒸馏水的原理是一样的。显而易见，海水中的盐也是无法蒸发的，所以不管是在陆地上下雨，还是在海上下雨，雨水都是淡的。

不过，如果空气有污染的话，一些有毒有害气体、粉尘等可能会随着雨水一起落下来，形成酸雨，或其他雨水。这种情况下，雨水中有可能含有一些化学成分，但也不一定是咸的。

什么是冰期？

冰期是指在一个“冰河时期”（其时间跨度是几千万年甚至两三亿年）之中，一段持续的全球低温、大陆冰盖大幅度向赤道延伸的时期。相邻的冰河时期之间的地球气候比较温暖的时间段，称之为“大间冰期”。地球史上有四大冰河时期：卡鲁冰期、安第撒哈拉冰期、瓦兰吉尔冰期、休伦冰期。

地球在40多亿年的历史中，曾出现过多次显著降温变冷，形成冰期。特别是在前寒武纪晚期、石炭纪至二叠纪和新生代的冰期都是持续时间很长的地质事件，通常称为大冰期。大冰期的时间尺度达107～108年。大冰期内又有多次大幅度的气候冷暖交替和冰盖规模的扩展或退缩时期，这种扩展和退缩时期即为冰期和间冰期。

目前地球处于第四纪冰河时期，50万年来出现了5次冰期，每次冰期平均持续7万多年，而每次间冰期平均持续2万多年。目前处于1.1万年前开始的间冰期，这也是全新世的开始。

为什么会发生海啸?

地震、火山引发海啸

海啸是由海底地震、滑坡或者火山爆发引起的。风暴发生时，只有表面的海水会向前移动。但是在海啸肆虐的时候，从海底到海面，海水都会发生迅速的移动，直至到达海滩。海啸爆发时，海水的移动速度甚至可以达到每小时800千米。不过离开大海之后，海水的移动速度会逐渐变慢。一波海水向前移动时，其他海水也前赴后继地涌过来，这样岸边的海浪高度会逐渐变高，有些海浪的高度甚至可以达到100米。海岸的坡度越大，海浪的高度也就越高。在没有地震和火山的地区，发生海啸的可能性非常小。不过即便如此，海水在长时间运动损失掉大部分破坏力之后，依然会形成海啸，只不过这时它在海岸上的破坏力只相当于风暴潮的威力。

自救互救

1. 如果在海啸时不幸落水，要尽量抓住木板等漂浮物，同时注意避免与其他硬物碰撞。

2. 在水中不要举手，也不要乱挣扎，尽量减少动作，能浮在水面随波漂流即可。这样既可以避免下沉，又能够减少体能的无谓消耗。

3. 如果海水温度偏低，不要脱衣服。

4. 尽量不要游泳，以防体内热量过快散失。

5. 不要喝海水。海水不仅不能解渴，反而会让人出现幻觉，导致精神失常甚至死亡。

6. 尽可能向其他落水者靠拢，既便于相互帮助和鼓励，目标扩大之后也容易被救援人员发现。

地震会影响天气变化吗？

频发的地震灾害，造成巨大损失，让很多人“谈震色变”。坊间有一种观点认为，强震之后必出现天气异常，如洪水、暴雨。地震的出现，是否会导致天气异常呢？

单看一个“震”字，我们会发现它的上面就是“雨”。由此看来，我们的祖先在创造和发展这个字的时候，似乎已经把“地震”和“降雨”联系到了一起。

专家说，天气变化主要是与天气系统有关，但也常会因为局地的环境因素，引发特殊的天气现象。多数科学家认为，地震导致天气异常的说法是没有科学依据的。地震只是改变海拔高度和局部地区水汽蒸发量，就如同天气变化和气候变化不足以引发地震一样，地震也不足以改变大气环流。

不过，有研究表明，当地震发生之后，引发地震的地下能量在震后短期内是会对降水产生影响的。地震后产生的大量的山体滑坡、房屋倒塌，会使空气中增加大量的粉尘、微粒，这些粉尘和微粒就是形成水滴最好的凝结核；而地震巨大的冲击波，在震动大地的同时也不断向空中释放能量，这种能量同样强烈扰动震区上空的空气，使震区上空大量的凝结核与水汽分子不断碰撞，充分结合，一场地震后的大雨就降临了。

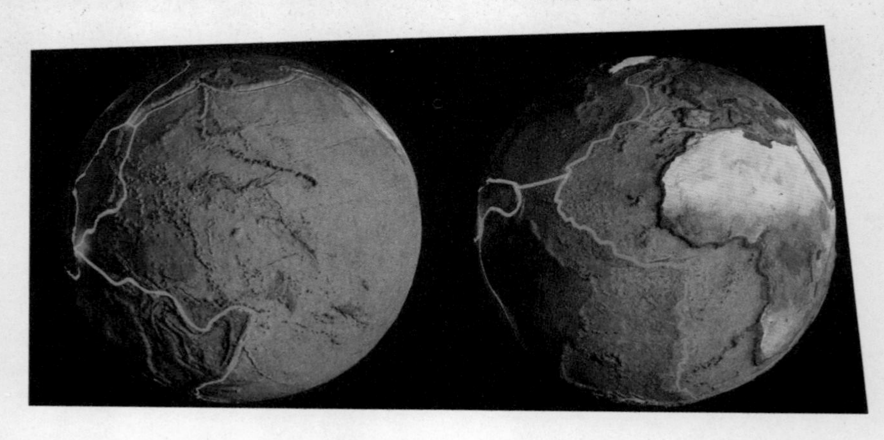

在那些板块相撞形成断层的地方，地震也经常发生，例如，横跨美国加利福尼亚的圣安德烈亚斯断层。

生活在经常发生地震的地区的居民已经对地震习以为常，那里的孩子时常会在学校里进行地震逃难演习。

火山爆发与天气有什么关系吗?

火山爆发的附近地区常多阵性降雨，这是由火山爆发时伴有强的上升气流和水汽的喷出所致；这些地区雷电也特别多，原因尚不清楚。火山爆发时常喷出大量的二氧化硫，它与空中水汽结合成为硫酸，降下来就是酸雨。这种大面积的酸雨能腐蚀森林、树木、农作物、建筑物；酸雨降到湖泊、水库和水塘中，还能使水质酸化，损害鱼类和其他水生作物。这种雨水一定不能作为储备用水。

那么，火山爆发会使一些地区气候变冷吗？

火山爆发使一些地区气候变冷是由于大量的火山尘源源不断地送入大气层，厚度可达0.5～3千米，并能在对流层、平流层游荡1～2年，从而使一些地区的太阳辐射热量减少10%～30%。加上火山尘是大气中形成云和水滴的凝结核，天空充满火山尘，就十分容易形成云、雨。天空中云多、水滴多，显然减弱了太阳辐射热量。所以在火山爆发的1～2年里，地球上一些地区的气候会出现偏冷现象，尤其是在夏季最为明显。

1915年，印度尼西亚一座火山爆发，那年美国不仅春天、夏天、秋天都是冷的，而且6月下起了雪，7月见到了霜，致使美国东北部的农作物颗粒不收。有人写下了这样的日记：7月7日，我穿着厚厚的羊毛衫上班，工作完毕，放下工具回家，天气冷得需戴上手套。

火山附近常常住着许多居民，虽然火山随时可能喷发，但他们知道从火山里喷出来的火山灰和熔岩同时也是不可多得的土壤肥料，所以他们敢于在此居住。

什么是湿度?

湿度，一般在气象学中指的是空气湿度，它是空气中水蒸气的含量；空气中液态或固态的水不算在湿度中，不含水蒸气的空气被称为干空气。在一定的温度下，在一定体积的空气里含有的水汽越少，则空气越干燥；水汽越多，则空气越潮湿。

单位体积的空气中含有的水蒸气的质量叫作绝对湿度。由于直接测量水蒸气的密度比较困难，因此通常都用水蒸气的压强来表示。空气的绝对湿度并不能决定地上水蒸气的快慢和人对潮湿程度的感觉。人们把某温度时空气的绝对湿度和同温度下饱和气压的百分比叫作相对湿度。

雅鲁藏布江大峡谷是什么气候?

雅鲁藏布江是中国最长的高原河流，位于西藏自治区境内，也是世界上海拔最高的大河之一。雅鲁藏布江发源于西藏西南部喜马拉雅山北麓的杰马央宗冰川，上游称为马泉河，由西向东横贯西藏南部，绕过喜马拉雅山脉最东端的南迦巴瓦峰转向南流，经巴昔卡出中国境。雅鲁藏布江水能蕴藏量丰富，在中国仅次于长江。雅鲁藏布江大拐弯处的雅鲁藏布江大峡谷是世界第一大峡谷。

雅鲁藏布江大峡谷是典型的受热带季风影响的山地气候。这是因为热带季风向北推移受阻于喜马拉雅山脉，而一部分季风沿着大峡谷深入谷地，带来大量水分和热量，形成天然的水热通道，导致山地类型的雅鲁藏布峡谷地区温度降水均高于类似地区，有明显的热带季风气候类型特征和相应的植被特征。

晴朗的天空为什么呈现蓝色？

观测天气变化

人可以通过观测气象或天文现象，从而得知天气变化、时间的流逝或自己的方位。日出日落可知一日中的时间，晚上月亮的盈亏可以知道一个月的时间。北斗星可以指示北方。云的厚度和形状可以知道会否下雨。在天空可以欣赏到许多美丽的现象，如彩虹、极光和流星雨等；雀鸟会在天空飞翔。由于受石油等化石性燃料使用的增加而产生的悬浮质，特别是那些会在燃烧后释放二氧化硫的煤等燃料的影响，自 1973 年以来，除了欧洲，天空的能见度正在逐步降低。

天空为什么是蓝色的

地球的大气是由若干种气体组成的，这些气体的总和就是空气。我们可以把空气中的每一个分子都视为一个电子振荡器。每一个分子中的电子电荷分布，对于入射辐射而言，将表现为一个散射截面。我们可以把这个散射截面想象为一块面板，入射辐射只有射中这块面板才会发生散射，被散射的辐射的强度依赖于这个截面的大小。对于瑞利散射，散射截面与入射辐射频率的 4 次方成正比。太阳光是由从低频（红）到高频（蓝）具有不同频率的多种可见色光所组成的，太阳光谱中的蓝色部分，其频率高于所有其他可见色光，因此会受到强烈散射。我们仰望天空看到的就是这种散射光，所以天空显现为蓝色。

天空之所以呈现为蓝色，是由被称为“瑞利散射”的过程引起的。根据经典物理学，加速运动的电荷将向外发出电磁辐射。反之，电磁辐射也可以作用于带电粒子使之发生振荡。一个振荡的粒子总是在不停地做加速运动，因而将再次发出辐射。处于这种状态下的粒子，我们就说它是一个二次辐射源。这种效应被称为入射辐射的散射。

什么是三伏天?

三伏是农历中一段特殊的时期，是初伏、中伏、末伏的统称。三伏约在阳历的6月到9月之间，是中国在农历年中天气最热的时期。一年中初伏、末伏各10天，中伏在不同的年份为10或20天。

入伏后，地表湿度变大，每天吸收的热量多，散发的热量少，地表层的热量累积下来，所以一天比一天热。进入三伏，地面积累热量达到最高峰，天气就最热。另外，夏季雨水多，空气湿度大，水的热容量比干空气要大得多，这也是天气闷热的重要原因。七八月份副热带高压加强，在副高的控制下，高压内部的下沉气流，使天气晴朗少云，有利于阳光照射，地面辐射增温，天气就更热。

霜冻为什么会出现在晴朗的夜里？

在我国四季分明的中纬度地区，深秋至第二年早春季节，正是冬季开始前和结束后的时间，夜间的气温一般能降低至0℃以下。在晴朗的夜间，因为天空中无云，地面热量散发很快。在前半夜由于地面白天储存热量较多，气温一般不易降到0℃以下；特别是到了后半夜和黎明前，地面散发的热量已很多，而获得大气辐射补偿的热量却很少，气温下降很快，如果这时气温降到了0℃以下，而近地面又缺少水汽，就凝结不成白霜了，但农作物仍受到了冻害，农民称此为“黑霜”。如夜间阴天多云，云的逆辐射作用能较多地不断补偿地面热量的损失，气温反而不易降到0℃以下，因此就不会出现霜冻。所以霜冻一般都出现在晴朗的夜里。

冻土能创造什么奇迹?

冻土指温度在0℃以下的含冰岩土。冬季冻结，夏季全部融化的叫季节冻土；当冬季冻结的深度大于夏季融化的深度时，冻土层就会常年存在，形成多年冻土。多年冻土一般分上下两层：上层是冬季冻结、夏季融化的活动层；下层是常年结冻的永冻层。冻土广泛分布在高纬地区、极地附近以及低纬高寒山区，其面积占世界陆地总面积20%以上，这里虽人烟稀少，却隐藏着许许多多鲜为人知的奇异现象。除冻虾复活外，人们还从冻土中挖掘出冷冻已久的水藻和蘑菇，也能繁殖后代。

在俄罗斯雅库特的冻土层下，竟然还有大片不冻的淡水。地质学家推测，冻土带可能还蕴藏着固体天然气。

冰山是山吗?

听到“冰山”这个词，也许我们会问：“冰山是什么？是山吗？”其实，冰山并不是真正的山，而是漂浮在海洋中的巨大冰块。在两极地区，海洋中的波浪或潮汐猛烈地冲击着附近海洋的大陆冰，天长日久，它的前缘便慢慢地断裂下来，滑到海洋中，漂浮在水面上，形成了所谓的冰山。

冰山体积的90%都沉浸在水底下，我们在海面上所看到的仅仅是它的头顶部分。它在水底部分的吃水深度一般都超过200米，深的可达500米之多。这一座座巨大的冰山，随着海流的方向能漂流到很远很远的地方。在正常情况下，它们每天大约能漂流6000米。许多大冰山在海上可以漂流十几天，最后由于风吹日晒、海浪冲击，渐渐消失在温暖海域的海水中。

海船遇到冰山是很危险的。横渡大西洋的英国游轮“泰坦尼克”号，于1912年的首次航行中在纽芬兰岛附近撞上冰山后沉没，造成1500人死亡。

为什么冰川会流动?

冰川分布在年平均气温0℃以下，气候寒冷的两极地区或海拔很高的高山地区。这些地区以固体降水为主，降下的雪花在地面上积累起来，越积越厚。表面的积雪在阳光的照射下融化，因受周围低温的影响，马上又凝结成冰，有些则在重压的作用下，压紧凝结，形成冰。这些冰随着体积和重量的不断增加，最终成为冰川冰。

冰川冰继续发展，当其重力大于地面摩擦力时便会发生流动。有时，冰川在自身重力的作用下，也会发生塑性流动。

冰川的流动速度很慢，一般每天只移动几厘米，最多的也不过数米。

冰川面积大小会影响地球气候变化吗？

现在全球冰川面积为 1600 多万平方公里，覆盖了陆地 11% 的面积。那么冰川面积的变化，是如何掌握地球气候变化的呢？这与冰的独特性有很大关系，大多数物质的固态密度比液体密度大，所以它们在水中会下沉，但冰却是个例外。冰冻结时体积增加，密度变小，所以会浮在水面上。同时，冰能够大量地反射太阳光，亮得炫目，有了这两种特性，冰就能大大影响地球的气候。漂浮和反射这两种特性，让冰在地球上拥有无敌的力量，不同于颜色较深的陆地和海洋，可以吸收太阳热量。冰使南北极变成两大反射镜，它反射的不只是光，还有热，冰直接将太阳能量反射回太空，这也被称为反照效应。科学家通过在北极上方的卫星拍摄一年的影片看到北极的海冰如何随着四季更迭而发生增减变化，这影响着地球吸收的能量，进而影响全球气候。

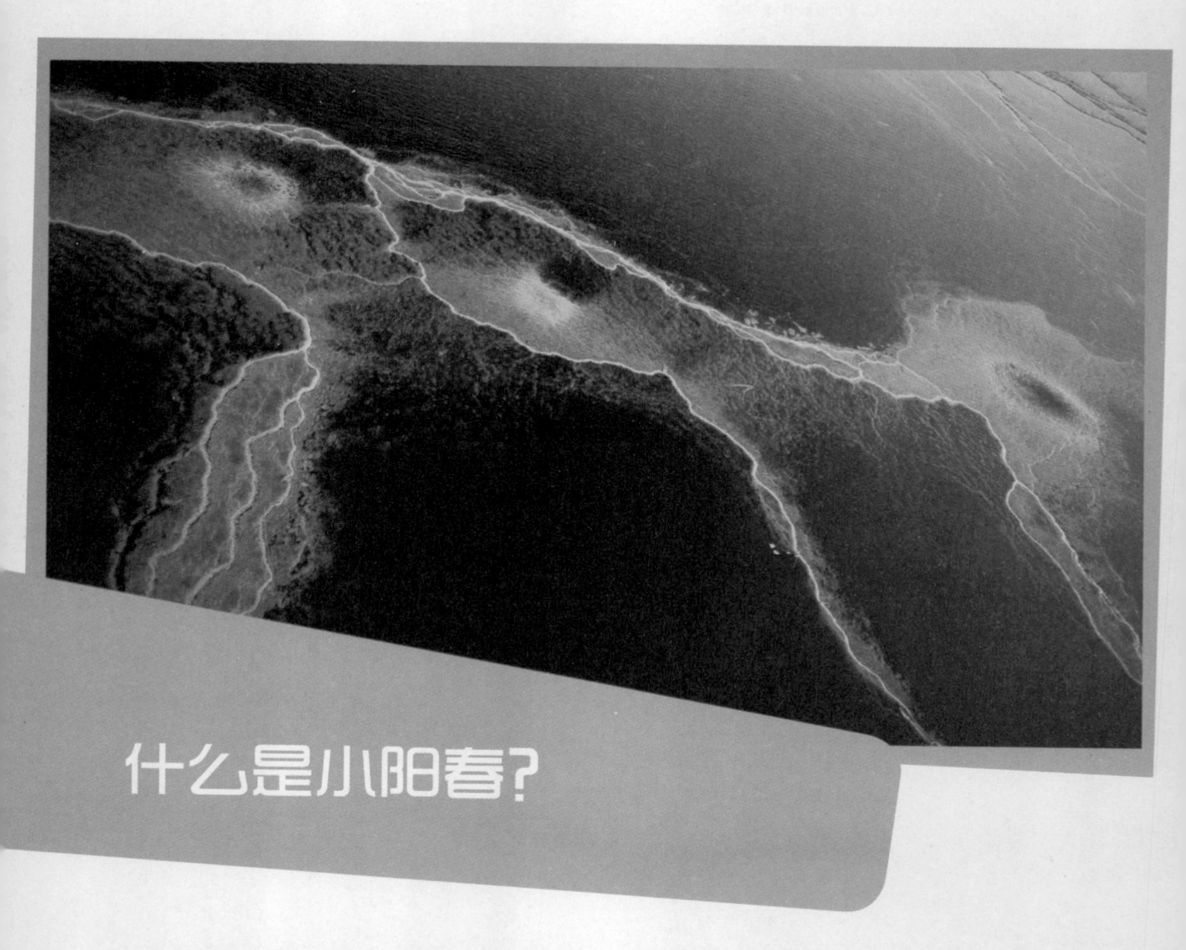

什么是小阳春?

我们都知道，阳春指的是温暖的春天，但是，你听说过小阳春吗？说起这个词儿，其实与我国的传统历法有关。中国在较长时间里使用的是“夏历”，把十月作为一年的开始，叫“阳”，所以，农历十月也被称为“小阳春”。

也有一些地方把立冬至小雪节令这段时间统称为“十月小阳春”。在这段时间里，一些果树会开二次花，呈现出好似阳春三月的暖和天气。

什么是山体效应？

山体效应是指由于山体隆起，对山体本身及其周围环境造成的气候效应。在相同的海拔高度上，山体表面积越大，山体效应也越大。山体能吸收更多的太阳辐射，并将其转换成长波热能，使温度远高于相同海拔自由大气的温度，而且气候的变化也比低地大。

山体效应对山体本身也有影响，与低地相比，山地的气压、气温和湿度都有所降低，而日照和辐射则有所增加，到一定的高度时有较大的降雨量。在山坡上，多种不同气候带的分布，与从赤道到两极气候带的分布有些相像。在低纬度地区，高度可起调节温度的作用，因此，即使在赤道上，高山也会终年积雪。

为什么吐鲁番盆地被称为“火焰山”？

吐鲁番盆地是在天山山脉中陷落的一个小盆地，海拔 155 米。那里气候干燥，夏季在烈日的照耀下，气温上升得很高。又由于盆地陷落很深，热气不易散发，所以 6—8 月的平均最高气温都在 38℃以上，高于 40℃的日子也有 40 天左右，气温最高时甚至可以达到 48.9℃。夏季地表的最高温度在 70℃以上，沙漠表层的温度可达 82.3℃，因此当地流传着“沙子里面烤鸡蛋，戈壁滩上烙大饼”的说法。另外，吐鲁番盆地中横卧着一条红色的沙岩，俗称“火焰山”，它在夏季烈日的照射下，把周围映得火红。炎热的气温，滚烫的地表温度，再加上红色的光组合在一起，吐鲁番盆地中就形成了一座名副其实的“火焰山”。

“世界火炉”指的是哪里？

苏丹是非洲面积最大的国家，也是世界上最热的国家之一。苏丹首都喀土穆气候炎热干燥，年平均气温为 28.7℃，最高气温达 47.2℃。每年 3—11 月，白天一出门，滚烫的热浪就扑面而来，宛如步入桑拿房，常常晚上 10 点钟去散步，地面仍散发着阵阵的热气。四五月份是来自撒哈拉沙漠的沙尘暴肆虐的时节，狂风卷着漫天的沙尘气势汹汹地一刮数天。漫天黄沙无孔不入，人在屋中，也能感到阵阵土腥味，甚至有时在睡梦中也会被憋醒。到了七八月份的雨季，偶尔会倾盆大雨，大雨过后，没有下水道的整个城市到处积水，成为“水乡泽国”。只有到了冬季，酷热才会荡然无存，所以喀土穆又被人们称为“世界火炉”。

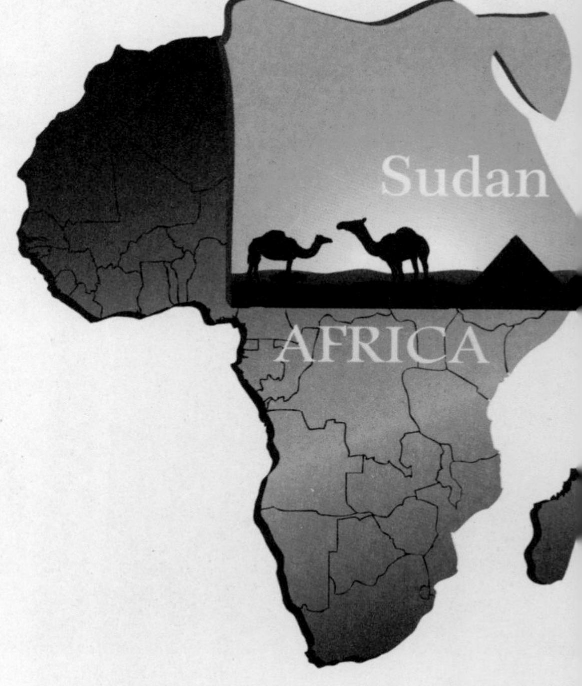

天气会影响人的心情吗？

心理学家德克斯特曾经对人与天气作过一些实验研究。德克斯特采用长期的统计观测方法，在不同天气状态下，对于人类多种公认否定性行为进行了细致的分析。他总结了一个记载不幸事件的目录，各项内容都是随着温度和气压的升降而变化，其中包括旷课逃学、骂人打架、精神紊乱、轻生自杀、运算错误等。这些都是大众不欢迎而且想要避免的事情，从社会表征观察可以看出，这些事件的确在酷热或阴冷的天气更为盛行，也让人们相信恶劣的天气会使人的行为出现异常。

恶劣的天气可以消耗我们个人储藏的精力，以致扰乱了心理和情绪的平衡。虽然个人的心理受天气的影响很大，但心境毕竟是主观操纵的，我们不应该由于下雨或者室内暗淡便愁眉不展，甚至含愠带怒；我们不应该使情绪因天气而变异，因为这种微小的不适便引起烦恼，很容易损害我们的精神健康。

生态心理的研究显示，有一种脾气极大的人很难逃脱天气的影响，往往随着天气的变化出现消极情绪的表达。但不受天气影响的人，也不必过分责怪那些经受不住天气变化的人，因为酷热与严寒对于人类确实产生了很大作用，确实会使人们感到难受。

天气也影响人的心理，但我们要保持身心健康就不应屈服于那些不测的天气变化，如同不屈服于难以避免的疾病一样。

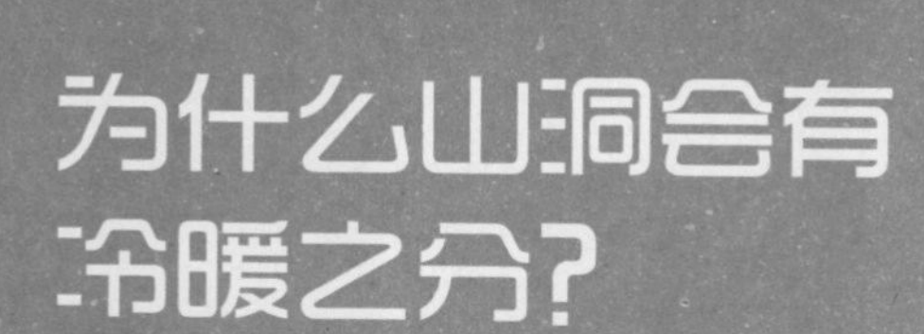

为什么山洞会有冷暖之分?

石灰岩地区的山洞有的寒气袭人，有的却温暖异常，在相同的时间里分别跑进不同的山洞里却有截然不同的感觉，仿佛在过两个季节。这是为什么呢？原来，这是因为冷、热空气比重不同：冷空气较重而下沉，热空气较轻而上升。洞口向下的山洞里，较轻的热空气充塞其中，不能流出，因而显得格外温暖，成为“暖洞”；洞口朝上的山洞里，冷空气钻入洞内，越积越多，好像天然的冷气库，这样的山洞就成了“冷洞”。位于中国江苏省宜兴的善卷洞除了有这种冷暖不同的特点以外，在洞的上空我们还常常可以看到雾气弥漫的场景。这种云雾就是洞外的冷空气和积存在洞内上部的热空气相遇而形成的奇妙景色。

为什么贵州冬季“天无三日晴”？

贵州处于云贵高原东段，地势高低不平，属于典型的喀斯特溶岩地貌，而贵州所处的地理位置加上地势的因素，使其深受准静止锋控制，多阴雨天气。冬季时，由北方来的冷空气，受山脉和云贵高原的层层阻挡，势力逐渐变弱，它与来自青藏高原南侧的西南气流在昆明和贵阳之间相遇，形成昆明静止锋。位于静止锋以东的贵阳，在锋面的控制下，经常云雾笼罩，阴雨冷湿，故其冬半年有“天无三日晴”之说。而位于静止锋以西的昆明，则由于处于暖空气一侧，天气晴朗温暖。

贵州是全国唯一一个没有平原的省份，属亚热带季风气候，降雨丰沛。贵州的森林植被覆盖率高，常年云雾缭绕，所以“天无三日晴”，由此也造就了贵州的生物多样性，特别是中草药材和茶叶品质非常好。

我国的黄土高原上为什么常年覆盖着黄土？

在我国的北方存在着一片广袤无垠的高原，那里终年被黄土所覆盖，这就是大家所熟悉的黄土高原。据卫星观测，黄土覆盖的面积达37万平方千米，其土层的厚度也有100余米，堪称世界之最。

这些黄土来自中亚、我国西北的沙漠地区和蒙古地区。由于这些地方都处于干燥荒漠地区，昼夜温差大，即使是非常坚硬的岩石，在这种剧烈的热胀冷缩的作用下也会变成细小的微粒和尘土。在冬季盛行的西北风的作用下，每秒都有数以万吨计的沙粒被卷入高空，随风南下，随着风势的减弱，最终降落在秦岭以北的地方。这些尘沙经过数百万年的累积，逐渐形成了我们所看到的浩瀚无边的黄土高原。

黄土高原拥有极为丰富的煤炭资源，其储量和产量均居全国第一。煤炭资源不仅量大质优，还有较好的开采条件。其中，可供露天开采的煤矿储量达200亿吨。全国探明储量的特大型煤田，约有一半分布在这里。

热带雨林气候是怎么形成的？

热带雨林气候因其全年高温多雨，年降水量常常超过 2000 毫米，降水区域内生长着茂密的热带雨林而得名。影响热带雨林气候形成的主要因素有：

太阳辐射：太阳辐射量在 100～180 千卡 /（厘米·年）范围内，使得全年高温。大气环流：处在赤道低压带的影响之下，常年盛行上升气流，暖湿气流在赤道附近聚集，辐合上升，所含水汽容易成云致雨；或因信风的吹拂，带来暖湿的空气，使得全年多雨。地形影响：地势较低，适合雨林生长；或位于山地的迎风坡受地形的抬升，降水较多。洋流影响：受到暖流的影响会使得该地雨林气候分布的范围更广，降水更多，而寒流流经的沿岸分布的范围则较小。

热带雨林主要分布在南美洲亚马孙平原、非洲刚果盆地和几内亚湾沿岸、亚洲的马来群岛和马来半岛南部。

为什么热带雨林总是下雨？

热带雨林里的天气预报几乎每天都是一样的：白天最高气温 30℃，夜间最低气温 22℃，空气湿度最小为 80%。上午总是多云，而下午下大雨的概率达到 99%。这是为什么呢？

赤道地区常年受太阳直射，因此气温非常高。湿润温暖的空气上升，在上升的过程中不断降温，最终又变为雨滴落下。热带雨林如同巨大的海绵一样吸收着雨水，然后又通过叶片将其蒸发出去。正是由于这种循环，雨林里总是下雨。热带雨林地区甚至能够形成自己独有的云团，这些云飘到其他地区，能为更远的地区带来降雨。

在雨水降落到热带雨林之后，赤道上空的干燥热空气会怎么样呢？风云将它们带往赤道两边的地区。在那些地区，干燥的热空气下沉，使得这些区域干燥炎热，从而形成了大面积的沙漠，其中的代表就是撒哈拉沙漠。

四季是怎么划分的?

四季是根据昼夜长短和太阳高度的变化来划分的。但是，东西方各国在划分四季时所采用的界限点是不完全相同的。中国传统的四季划分是以二十四节气中的四立作为四季的始点，以二分和二至作为中点的。如春季立春为始点，春分为中点，立夏为终点。西方四季划分更强调四季的气候意义，是以二分二至日作为四季的起始点的，如春季以春分为起始点，以夏至为终止点。

从天文意义上讲，中国以四立为划分四季界限更为科学。春、秋二分日，全球各地昼夜长短和太阳高度都等于全年的平均值，具有从极大值（或极小值）向极小值（或极大值）过渡的典型特征。因此，把春分作为春季的中点，和把秋分作为秋季的中点是非常合理的；夏季里，昼最长，夜最短，太阳高度最大的是夏至那一天，该日地表获得太阳能量是最多的，所以，夏至作为夏季的中点是很合理的；同理，冬至作为冬季的中点也是很科学的。但是，从实际气候上讲，夏至并不是最热的时候，冬至也不是最冷的时候，气温高低的极值都要分别推迟1～2个月。因此，把夏至和冬至分别安排为夏季和冬季的开始日期，与实际气候能更好地对应。所以，西方四季划分更能体现实际的气候意义。

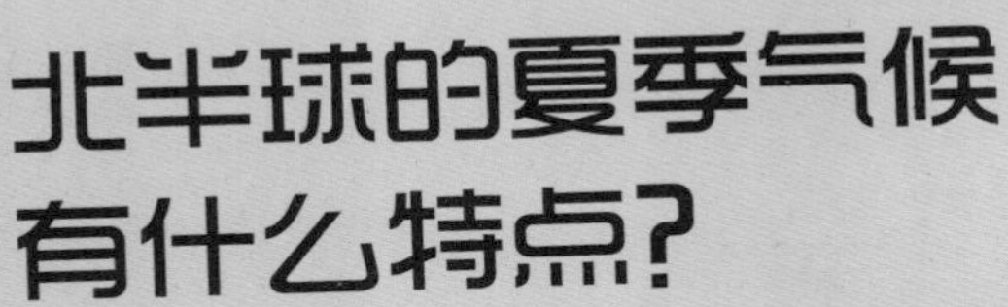

北半球的夏季气候有什么特点?

因地域、干湿环境的不同，北半球在夏季时会产生炎热干燥或者湿热多雨的气候。一般在5月份前后，因内陆受热，西南季候风会抵达中国沿海区域，并将东北季候风阻挡在外，使其整个夏天都无法再来沿海地区。直到8月尾至9月中，秋天开始时，东北季候风才会再次光临。因而，中国沿岸地区通常会以第一波西南季候风到达的时间，作为夏天到来的界限。

此时，中国北方地区仍然寒冷，北方的冷空气和南方的西南季候风所带来的暖空气相撞，生成低压槽，令华南出现持续大雨天气。直至七月份，较冷的空气及低压槽才会北上，进入中国内陆城市，华南才会结束汛期。而黄河流域一带则因受华南低压槽北上的影响，开始进入梅雨季节。

月球上有没有风云雨雪等变化?

严格来说，月球上没有天气，因为月球上没有大气，所以只有“天”，没有“天气”。

月球表面环境与地球表面的自然环境大不相同。月球上没有大气，处于一种高度的真空状态，连声音都无法传播。月球上也没有水，科学家在对月球的岩石分析中，也没有发现水分。月球上没有大气层，月面直接暴露在宇宙空间。没有大气，又没有水，月球上也就没有风云雨雪等气象变化。

月亮表层温度变化非常剧烈

月球上没有大气层，月面直接暴露于宇宙空间。所以月表的温度变化非常剧烈，与地球差异很大。白天最热时，月表温度可达 127℃；夜间最冷时，温度可降到零下 183℃。

天气是怎么形成的？

天气是指某一地区、在某一时段内由各种气象要素综合体现的大气状态，大气中发生的阴、晴、风、雨、雷、电、雾、霜、雪等都是天气现象，它们的产生都与天气系统的活动有密切的关系，而天气与人类的生活、社会、经济活动有着十分密切的关系。

节气与天气有什么关系吗？

2016年，中国的“二十四节气”被正式列入联合国教科文组织人类非物质文化遗产代表作名录。节气的划分是根据天气来划分的，充分考虑了季节、气候、物候等自然现象的变化。其中，立春、立夏、立秋、立冬、春分、秋分、夏至、冬至是用来反映季节的；春分、秋分、夏至、冬至是从天文角度来划分的，反映了太阳高度变化的转折点；立春、立夏、立秋、立冬则反映了四季的开始；小暑、大暑、处暑、小寒、大寒5个节气反映气温的变化；雨水、谷雨、小雪、大雪4个节气反映了降水现象，表明降雨、降雪的时间和强度；白露、寒露、霜降3个节气表面上反映的是水汽凝结、凝华现象，但实质上反映出了气温逐渐下降的过程和程度：气温下降到一定程度，水汽出现凝露现象。气温继续下降，不仅凝露增多，而且越来越凉。当温度降至零摄氏度以下，水汽凝华为霜。小满、芒种则反映有关作物的成熟和收成情况；惊蛰、清明反映的是自然物候现象，尤其是惊蛰，它用天上初雷和地下蛰虫的复苏，来预示春天的回归。

南极为什么比北极冷?

由于南北极比热带和中纬度地区接受更少的阳光照射，因此南北极相对来说都比较冷一些。

不过，虽然同是位于地球的两极，纬度高低相同，太阳照射的时间长短和角度也差不多，但是，南极却比北极冷得多。在北极地区，北冰洋占去了很大面积，约1310万平方千米。水的热容量大，能够吸收较多的热量，再慢慢地发散出来，所以冰比南极少，冰川的总体积只及南极的1/10，而且大部分冰是积存在格陵兰岛上的。

南极号称世界“第七大陆”，陆地储热能力不及海洋，夏季获得的有限的热量很快就辐射掉了，而且南极所环绕的海流，尽属寒流，使气候更加寒冷。此外，由于南极地势高，空气稀薄不保暖，虽有几个月全是白昼，但太阳只是在地平线上盘旋，巨大的冰原像镜子一样，能反射几乎全部的太阳光，因而，所获热量极少，气温进一步降低，造成终年酷寒。

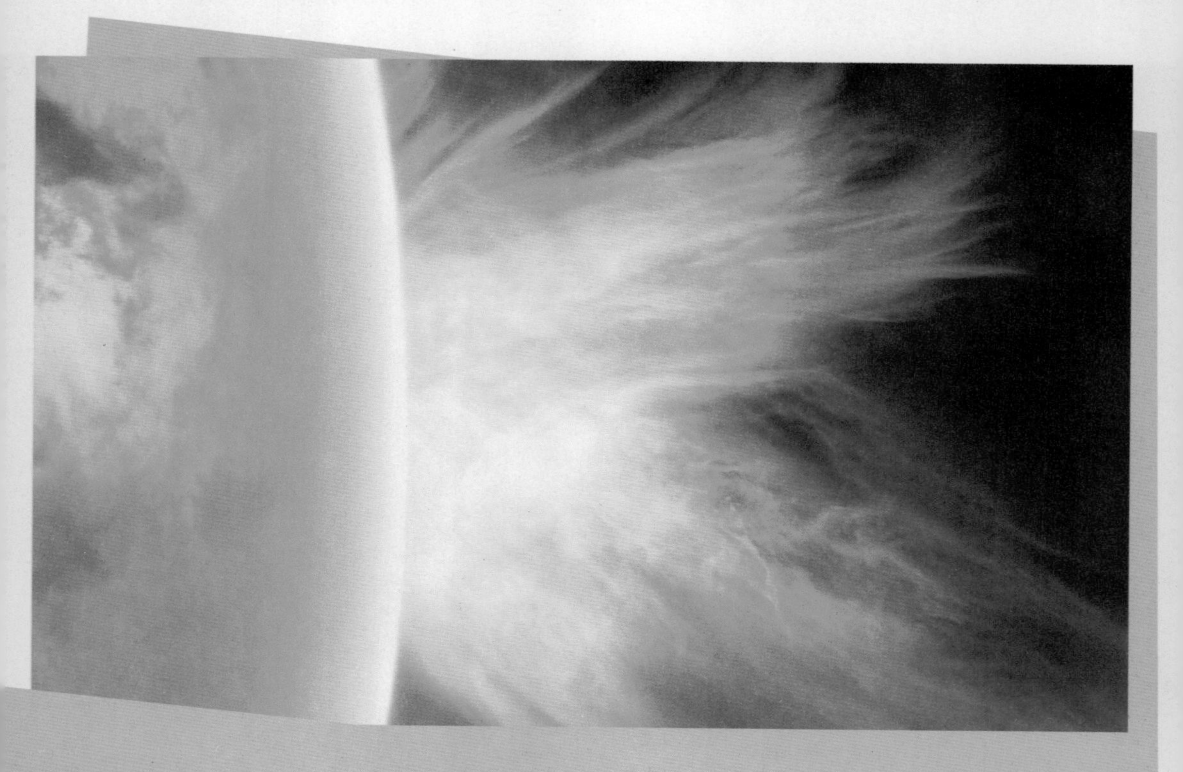

太阳风暴能像天气一样预测吗？

人们感谢太阳光给大地带来的温暖，却往往忽视我们赖以生存的这颗恒星的暴烈。太阳风暴是空间气象恶化的主要驱动力，而恶劣的空间气象会对地球造成严重影响，如损坏太空中的卫星，影响通信和导航系统，导致电网停电，其造成的经济损失每年高达 100 亿美元。人类能及时预测太阳风暴，进而降低遭受的损失吗？现在说人类可以准确预测太阳风暴还为时过早。科学家们还需要更广的观测角度和视野，进一步对太阳进行全方位的观测，以深入了解太阳风暴与极端天气的联系。

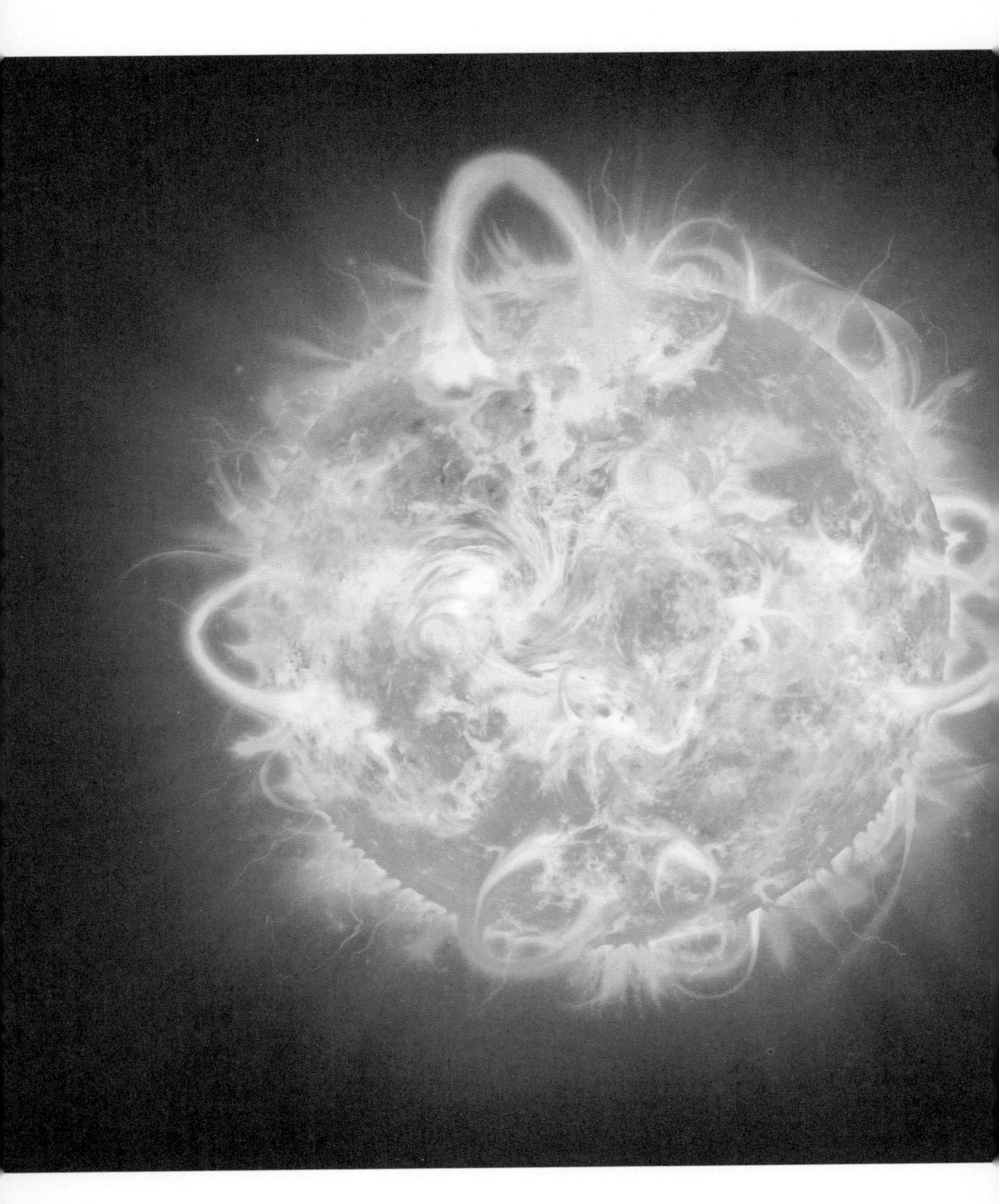

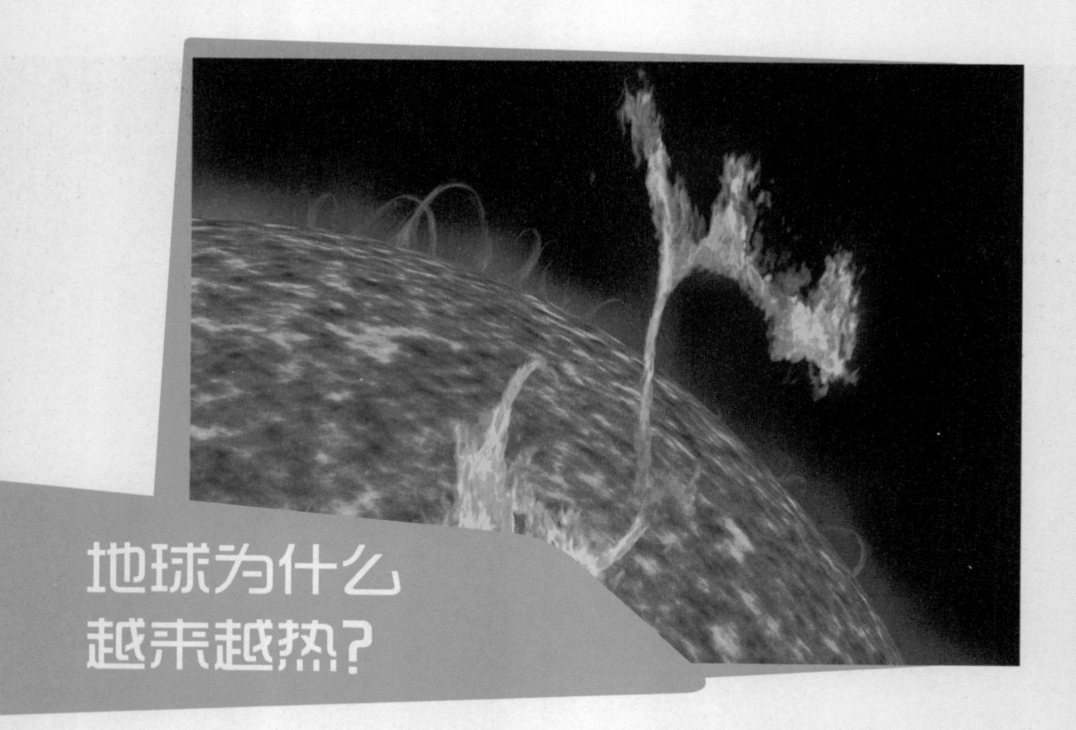

地球为什么越来越热？

一些气象学家们预言，未来地球上寒冷的冬季将不复存在，冰雪也将全部消融殆尽。不管是从天而降的飞雪，还是喜马拉雅山脉的冰川，还有极地覆盖的冰雪，都将一去不复返。

冬天消失意味着天气变暖，这个后果真可怕。太平洋、印度洋沿海地势较低的地区将要被海水淹没，成为一片汪洋。原先住在那里的成千上万居民，不得不迁移到别的国家。

那么，为什么地球会变暖呢？科学家认为，人类活动对气候的影响日趋严重。全世界每年要向天空排放120亿吨的二氧化碳。二氧化碳有一种奇特的功效，它能大量地吸收大气层表层和下层的热量，并阻止它们散失到空中去，就像温室的玻璃一样，所以科学家用温室效应这个词说明二氧化碳的作用。大气中二氧化碳含量越高，气候变暖的趋势就会越明显。

更为严重的是，大气中某些微量气体产生的“温室效应”远比二氧化碳厉害。这些微量气体包括：有机物腐烂产生的甲烷、汽车排放的废气和土壤中氮肥释放的一氧化二氮……这些气体目前含量虽然还不多，但它吸收热量的能力却很强，能将二氧化碳的温室效应作用放大。

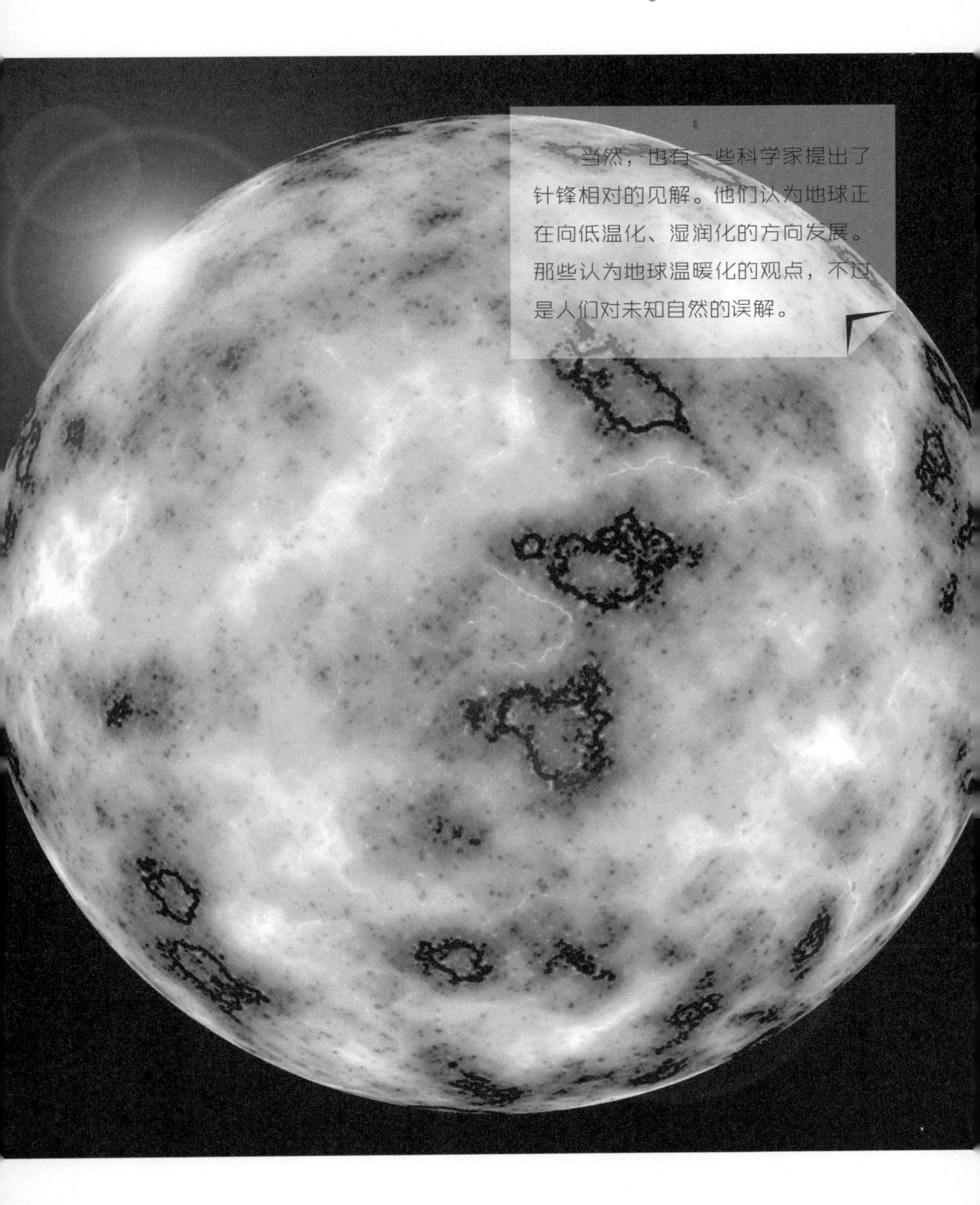

当然，也有一些科学家提出了针锋相对的见解。他们认为地球正在向低温化、湿润化的方向发展。那些认为地球温暖化的观点，不过是人们对未知自然的误解。

热带雨林对气候有什么影响？

热带雨林是地球上一种常见于赤道附近热带地区的森林生态系统，主要分布于东南亚、澳大利亚北部、南美洲亚马孙河流域、非洲刚果河流域、中美洲和众多太平洋岛屿。

热带雨林是地球上抵抗力稳定性最高的生物群落，常年气候炎热，雨量充沛，季节差异极不明显，生物群落演替速度极快，是世界上一半以上的动植物物种的栖息地。

热带雨林无疑是地球赐予人类最为宝贵的资源之一。由于超过 25% 的现代药物是从热带雨林植物中提炼出来的，所以热带雨林被称为“世界上最大的药房”。同时，热带雨林中的植物在进行光合作用时，具有强大的净化地球空气的能力，其中仅亚马孙热带雨林产生的氧气就占全球氧气总量的三分之一，故有“地球之肺”的美誉。

热带雨林在调节气候、防止水土流失、净化空气、保证地球生物圈的物质循环有序进行等功能之外，还能够大量吸收二氧化碳，尤其在当今面临全球变暖的局势下，热带雨林对缓解变暖的趋势有着重要作用。

乌云是怎样形成的?

从云的形成过程来看，乌云如果不是从别处飘来的，那就必定是由白云变来的。白云则不同，它除了可以从别处飘来或是由乌云变来以外，还可能在万里晴空的背景上突然出现。

夏日地表水在烈日下迅速蒸发，使空气湿度越来越大；高空的温度低于地表温度，因而水蒸气首先在高空到达饱和状态和过饱和状态。高空总会有一些灰尘，成为凝聚中心，使饱和蒸汽和过饱和蒸汽凝成细小的雾滴；雾滴足够密集时，就成为肉眼可见的白云。雾滴越来越大，白云就变成为乌云；乌云中的水滴继续变大，就变成雨滴。雨后空气的湿度变小，水蒸气重新回到不饱和的状态，乌云中的小水滴开始蒸发，体积越来越小，这样就使乌云变成白云；白云中的雾滴继续不断地蒸发，一旦全部汽化，白云就消失了，重新露出晴天。

什么是夜光云?

夜光云又名夜间云或极地中间层云，是出现于地球高纬度地区高空的一种发光而透明的波状云。它只有当太阳在地平线以下 6° ～12° 时，即低层大气在地球阴影内，而高层大气的夜光云被日光照射时，才能用肉眼直接观察到。

夜光云是由水冰构成，且较为稀薄，普遍出现在上层大气层的极地中层云，可以在深沉的曙暮光中看见。

夜光云只能在特定的条件下形成，它们的出现可以作为高空大气变化的敏感指标。它们是相对较新的分类，因此发现的频率、亮度和范围都在逐渐增加。理论上认为这种增加与气候变化有关。

什么是飓风?

卡特里娜飓风是2005年8月出现的一个五级飓风，于8月25日在美国佛罗里达州登陆，8月29日破晓时分，再次以每小时233公里的风速在美国墨西哥湾沿岸新奥尔良外海岸登陆。登陆超过12小时后，才减弱为强烈热带风暴。卡特里娜飓风造成最少750亿美元的经济损失，成为美国史上破坏最大的飓风，也是自1928年奥奇丘比飓风以来，死亡人数最多的美国飓风，至少有1836人丧生。

飓风和台风都是指风速达到33米/秒以上的热带气旋，只是因发生的地域不同，才有了不同名称：生成于西北太平洋和我国南海的强烈热带气旋被称为“台风”；生成于大西洋、加勒比海以及北太平洋东部的则称“飓风”；而生成于印度洋、阿拉伯海、孟加拉湾的则称为“旋风”。飓风在一天之内就能释放出惊人的能量。飓风与龙卷风也不能混淆，后者的时间很短暂，属于瞬间爆发，最长也不超过数小时。此外，龙卷风一般伴随着飓风而产生。龙卷风最大的特征在于它出现时，往往有一个或数个如同“大象鼻子”样的漏斗状云柱，同时伴随狂风暴雨、雷电或冰雹。龙卷风经过水面时，能吸水上升形成水柱，然后同云相接，俗称“龙取水”。经过陆地时，常会卷倒房屋，甚至把人吸卷到空中。

雾是如何形成的?

雾是近地面空气中的水蒸气发生的凝结现象。雾的形成有两个基本条件，一是近地面空气中的水蒸气含量充沛，二是地面气温低。

陆地上最常见的是辐射雾：这种雾是空气辐射冷却达到过饱和状态而形成的，主要发生在晴朗、微风、近地面、水汽比较充沛的夜间或早晨。这时，天空无云阻挡，地面热量迅速向外辐射出去，近地面层的空气温度迅速下降。如果空气中水汽较多，就会很快达到过饱和状态，从而凝结成雾。

第二种雾为平流雾：当温暖潮湿的空气流经冷的海面或陆面时，空气的低层因逐渐冷却达到过饱和状态，从而凝结成的雾就是平流雾。只要有适当的风向、风速，平流雾一旦形成，就常持续很久；如果没有风，或者风向转变，暖湿空气来源中断，雾也会立刻消散。

第三种雾为蒸汽雾：如果水面是暖的，而空气是冷的，当它们温差较大的时候，水汽便源源不断地从水面蒸发出来，闯进冷空气，然后又从冷空气里凝结出来成为蒸汽雾。

第四种雾为上坡雾：这是潮湿空气沿着山坡上升，绝热冷却使空气达到过饱和状态从而产生的雾。这种潮湿空气必须稳定，山坡坡度必须较小，否则形成对流，雾就难以形成。

此外，还有锋面雾、工业排放废气形成的光化学烟雾，锅炉和生活小煤炉排放的黑色烟雾等。

什么是沙漠气候?

沙漠气候也叫荒漠或干旱气候。那儿空气干燥，降水量奇缺，一般不到 50 毫米。气温日变化剧烈，日较差可达 50℃以上，地面最高温度可高达 60 ～ 80℃，而夜间冷得很快，甚至可以降到 0℃以下。我国新疆塔克拉玛干沙漠虽属温带沙漠，“早穿棉午穿纱，抱着火炉吃西瓜”并不是耸人听闻的传说，而是现实的生活画面。在沙漠气候的环境中，生活着一些适应干旱条件的动植物，如骆驼、沙鼠、仙人掌、胡杨、沙枣等等。

罗斯贝波是极端天气背后的元凶吗?

罗斯贝波是一种行星波，由气象学家卡尔－古斯塔夫·罗斯贝发现并因而得名。罗斯贝波是地球大气中的一种非常缓慢的、大尺度的波动，波长达 3000 千米到 10000 千米。它因地球自转时不同纬度和高度上的角速度不同而引发，是地球大气中自然形成的一种现象。

在地球上，罗斯贝波与大气喷流的路径和压力系统的形成有关，会对大气气象造成很大影响，因而成为天气预报的重要理论依据。也曾有研究认为，北半球与大气环流模式有关的一些极端天气，如 2010 年的俄罗斯热浪、2013 年的欧洲洪水，极有可能与罗斯贝波密切相关。

大自然有一张千变万化的脸孔和难以捉摸的个性，比如明明是风和日丽，一转眼就下起了瓢泼大雨……大自然也是一位杰出的画家，它以不同的温度和雨量等为颜料，进行色彩组合，画出春夏秋冬的美丽景色。